火星大冒险

献给康斯坦丁，最可爱的小宇航员。　　——卡皮西纳·勒瓦尔

图书在版编目（CIP）数据

太空小子.3,火星大冒险 /(法) 卡皮西纳·勒瓦
尔著 ;(法) 贝诺特·佩罗绘 ; 马青译. -- 成都 : 四
川美术出版社, 2022.6
　　ISBN 978-7-5740-0016-2

Ⅰ.①太… Ⅱ.①卡… ②贝… ③马… Ⅲ.①火星－
少儿读物 Ⅳ.①P185.3–49

中国版本图书馆CIP数据核字(2022)第071855号

Big Bang Boy 3 En avant, Mars !. written by Capucine Lewalle and illustrated by Benoît Perroud
©First published in French by Mango Jeunesse, Paris, France - 2021
Simplified Chinese translation rights arranged through Divas International, Paris
巴黎迪法国际版权代理（www.divas-books.com）

本书中文简体版权归属于银杏树下（上海）图书有限责任公司

著作权合同登记号　图进字：21-2022-118

太空小子 3：火星大冒险

TAIKONG XIAOZI 3: HUOXING DA MAOXIAN

[法]卡皮西纳·勒瓦尔 著　[法]贝诺特·佩罗 绘　马青 译

选题策划：北京浪花朵朵文化传播有限公司		出版统筹：吴兴元	
编辑统筹：杨建国		责任编辑：杨 东	
特约编辑：冉 平		责任校对：陈 玲　马 丹	
责任印制：黎 伟		封面设计：墨白空间·王茜　王莹	
营销推广：ONEBOOK		排 版：赵昕玥	
出版发行：四川美术出版社			

（成都市锦江区金石路 239 号 邮编：610023）

开　本：889毫米×1194毫米　1/32	
印　张：2.5	
字　数：50千	
图　幅：80幅	
印　刷：天津联城印刷有限公司	
版　次：2022年6月第1版	
印　次：2022年6月第1次印刷	
书　号：ISBN 978-7-5740-0016-2	
定　价：28.00元	

读者服务：reader@hinabook.com 188-1142-1266
投稿服务：onebook@hinabook.com 133-6631-2326
直销服务：buy@hinabook.com 133-6657-3072
官方微博：@浪花朵朵童书

火星大冒险

[法]卡皮西纳·勒瓦尔 著　　[法]贝诺特·佩罗 绘　　马青 译

四川美术出版社

太空小子

太空小子酷爱天文学。他一听到别人说月亮、太阳、星星，就开心得要爆炸！他实在太爱天文学了，从来都不脱他的宇航服。从来都不脱吗？好吧！也许偶尔会脱，比如洗澡的时候，但那真的是被逼的！

胆小鬼队长

胆小鬼队长总想跟着太空小子去探险，但又总是害怕。如果一个人的胆量为零，要当一位探险家的好朋友可不太容易……

莱卡

太空小子的小狗也叫莱卡。"莱卡"曾是第一只进入太空的狗的名字。莱卡随时准备着进行星际旅行，它是个真正的探险发烧友。

4

加加林娜

加加林娜是个俄罗斯裔女孩，和太空小子一样酷爱太空。太空小子要去探险的时候，她会以火箭一般的速度跟上！

太空小子的妈妈

每次太空小子问她世界上有没有外星人，她都回答："有啊，你爸爸就是！"她是一个令人放松的、好玩的妈妈，却又总是心不在焉（有些过头了）。

太空小子的爸爸

他非常脚踏实地，觉得太空小子应该思考一些严肃的问题：刷牙、吃蔬菜，还有懂礼貌。这些都比准备去太空重要多了！

目 录

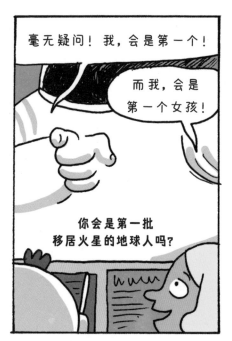

毫无疑问！我，会是第一个！

而我，会是第一个女孩！

你会是第一批移居火星的地球人吗？

你能想象吗？我们是最早踏上火星的地球人。这太不可思议了。

这一天将被载入人类的历史。

准确地说……未来的历史！

在火星上，我们还要干活呢。

干活？

对啊!
我们得自己生产食物……

来,拿着这把铲子。
我们要种东西了。

休想!我来火星
才不是为了干活呢。

我要玩无重力游戏。

看，我翻了个跟头！

要是我们真住在火星上，你一定会捣乱。

所以，你能告诉我，我们吃什么吗？

嗯……我们去快餐店！

火星上还有快餐店？

对啊，有火星麦当劳。

请给我 10 个火星巨无霸。

好吧，
如果能随便说，
那我……

我要在奥林帕斯山上滑雪！

奥林帕斯山？

没错，它是火星上
一座巨——大的火山！

它足足有2万多米高。
想象一下……

哇！

我在想，
要是火山爆发了……

谢谢，你救了我的命！

哼，你的故事总是这样：你永远都是英雄。

这一次，我们变一下：换我来救你。

你打算怎么救我？难道用你种的东西吗？

是啊，不行吗？

那我怎么办呢？
最近的药店离这儿
也有 5700 万千米……

别担心，
我种的植物
就能治好你的病。

来一些薄荷和芹菜吧，
过 5 分钟，
你就没事了！

噢，太感谢你了，
加加林娜，你真是我的救星！

你看，我的植物也不是
一点用都没有。

嗯，是的，
你都提前想到了。

当然了。
这就是我拯救世界的秘密：
预知一切。

看。我还提前
准备好吃的了……

以后去太空，
它会是一个很好的伙伴。

可去哪儿找一只黑猩猩呢？

别担心，我有办法！
明早九点，动物园见。

动物园?!

首先，我要假装自己
也是一只黑猩猩……

变身！

快走！现在去笼子里……

什么？你怎么进去？

我从大门进去呀，
不然呢？

仅限工作人员
出入

黑猩猩都跑了!

完美。
这样要抓一只回家
就更简单了。

快,把管理员引到另一边!
我去抓黑猩猩。

我要怎么做呢?

想想办法。

过了一会儿……

啊哈!你还以为能跑掉是不是?

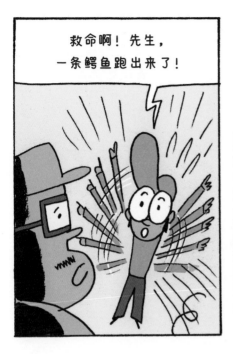

那个小淘气包在骗我!

与此同时……

噢噢,
啊啊!

噢噢噢,
噢噢噢噢噢。

你在和它说什么呢?

我正努力
说服它呢!

来吧，来吧！
现在该回去了。

你们到家啦！

总算把这事解决了！

你知道吗，已经有工程师在想办法，让人类能在火星居住了。

这很复杂。火星上既没有起重机，也没有混凝土。

不管怎么样，我可是有无数在火星上盖房子的点子！

是啊，我也有！

嘿，咱们要不要一起建一栋？

好啊！
就在我家的花园里建吧！

这会是地球上的
第一栋火星房子！

耶！！

走吧，我们快去！

两个小时之后

孩子们，你们的"火星房子"怎么样了？建好了吗？

唉，我正式宣布：失败了！

完完全全失败了。

我们花了这么长时间，就建出了这个可怕的东西……

是啊，白干了。我放弃了。

不，不要放弃！可不能这么快就放弃啊！

你们想建火星房子，那我们就来建一栋！

41

又过了一会儿……

好了，孩子们，
先把你们的泥土清理掉，
我们来建一栋新的房子。

材料来了！

来，开始干活了！

过了几个小时……

很快……

哇哦！这间小屋真是太棒了。

这不是一间小屋，而是一栋火星房子。

火星房子？

我要把照片发在我的社交媒体上。

看来这栋火星房子
很值得参观……

此时，在火星上……

Trucluq furè
dibud*……

*现在，有一条来自地球的消息……

Tabre
flouck chim
asuc*.

*有人正在建造一栋火星房子。

这是我见过的
最美的
火星房子!

孩子们,
你们看到了吧!
有志者事竟成!

没错! 我们都做得很好!

走吧,该吃饭了。
我们要好好
享用一顿大餐!

现在,我们的火星房子
唯一缺的……就是
住在里面的火星人了。

夜幕降临……

Pruk juck nak*.

Flor tec bolum*?

★这栋房子真漂亮。

★要不我们就住在这儿？

你没发现吗？

没有啊，他看起来很正常。

那你知道他叫什么吧？

知道啊，特里尔老师。

没错，艾蒂安·特里尔（Étienne Terrier）。就是这个引起了我的怀疑。

啊？

他名字的首字母……是 E.T.。

那又怎么样？

E.T. 就是外星人啊[2]！

喊，胡说。
他看起来一点都不像外星人。

看起来当然不像了。
他假扮成地球人，
这样才能完成任务。

什么任务？

快，孩子们，
准备跳高了，和上周一样。

他的任务：研究地球人。
看……

西奥，让我看看
你能跳多高。

52 厘米，还不错。

莱娅，
该你了。

你看，他在研究
地球小孩的身体能力。

所以他才总是想知道
我们能跑多快，
能跳多高……

没错！然后他就会把所有的
数据传给他的外星人同事。

下课以后，我们跟踪他，一定能找到证据。

好！

过了一会儿……

怎么样，他有什么奇怪的举动吗？

现在还没有，看起来还很正常。

看，他进超市了。

快，跟上！

他在干什么？

正在往糖果区走。

我很确定！

确定什么？

如果你是外星人，
想吃地球人发明的最好的东西，
那个东西会是什么呢？

糖果！

是的，我们有证据！

所以他真的是外星人……

小心，他来了！

啊……
放过我们吧……

也许……
走吧，再见了，孩子们。
我该回家了。

您差点就把我们骗了。

再见，
特里尔老师。

我们居然差点以为……
他真的……

不如我们去阿塔卡马沙漠[3]看星星？

去智利？那干吗不去秘鲁呢？

唉……山里太无聊了。

不过，山里可是观察星星的理想地方……

夜里，一片漆黑，星星都特别清楚。

啊，确实是这样！

好了，在这儿就听不见了。

突然……

哦！太好了！云都散了。

哇哦！

我从来没有这么清楚地看到这些星座呢！

☆ 注 释 ☆

1　巨无霸是快餐集团麦当劳公司推出的一款汉堡产品。——编者注

2　E.T. 是科幻电影《外星人 E.T.》中的角色，是一个被留在地球上的外星人。——编者注

3　阿塔卡马沙漠位于南美洲国家智利的北部，气候极端干燥。——编者注